Living Room

# 客厅

# 全维度解析 第2季

# 2000例

分享大量精美客厅的空间设计表现

全面展示家居空间设计之美

全维度激发设计灵感

客厅全维度解析2000例第2季编写组 编

客厅电视墙

机械工业出版社
CHINA MACHINE PRESS

客厅作为家居生活的公共区域，使用十分频繁，是全家人聚集及接待宾客的综合性空间。作为整间屋子的生活中心，客厅体现了主人的个性与品位。从主人的生活习性及喜好出发来考虑客厅装修，能很好地表达主人的生活情趣与审美。因此，客厅往往被列为装修的重中之重。本书是客厅全维度解析2000例第2季分册之一。本系列图书汇集国内一线设计机构主力设计师的全新设计案例，引领当下家庭装修潮流，不但贴合现代人的生活习性，更展现了多样的审美风格，具有很好的借鉴价值。另外，书中不但对案例里的特色材料进行了标注，使读者更易读懂图片内容，还加入了材料选购及装修知识的贴士，言简意赅，力求使读者看得懂、用得上。

**图书在版编目（CIP）数据**

客厅全维度解析2000例．第2季．客厅电视墙 / 客厅全维度解析2000例第2季编写组编．— 2版．— 北京 ：机械工业出版社，2016.12

ISBN 978-7-111-55783-8

Ⅰ．①客… Ⅱ．①客… Ⅲ．①住宅－客厅－装饰墙－室内装饰设计－图集 Ⅳ．①TU241.041-64

中国版本图书馆CIP数据核字(2016)第313776号

机械工业出版社（北京市百万庄大街22号 邮政编码 100037）

策划编辑：宋晓磊　　责任编辑：宋晓磊

责任印制：李　洋　　责任校对：白秀君

北京新华印刷有限公司印刷

2017年1月第2版第1次印刷

210mm×285mm · 6印张 · 190千字

标准书号：ISBN 978-7-111-55783-8

定价：29.80元

凡购本书，如有缺页、倒页、脱页，由本社发行部调换

电话服务　　网络服务

服务咨询热线：010-88361066　　机工官网：www.cmpbook.com

读者购书热线：010-68326294　　机工官博：weibo.com/cmp1952

010-88379203　　金书网：www.golden-book.com



教育服务网：www.cmpedu.com

# Contents 目录

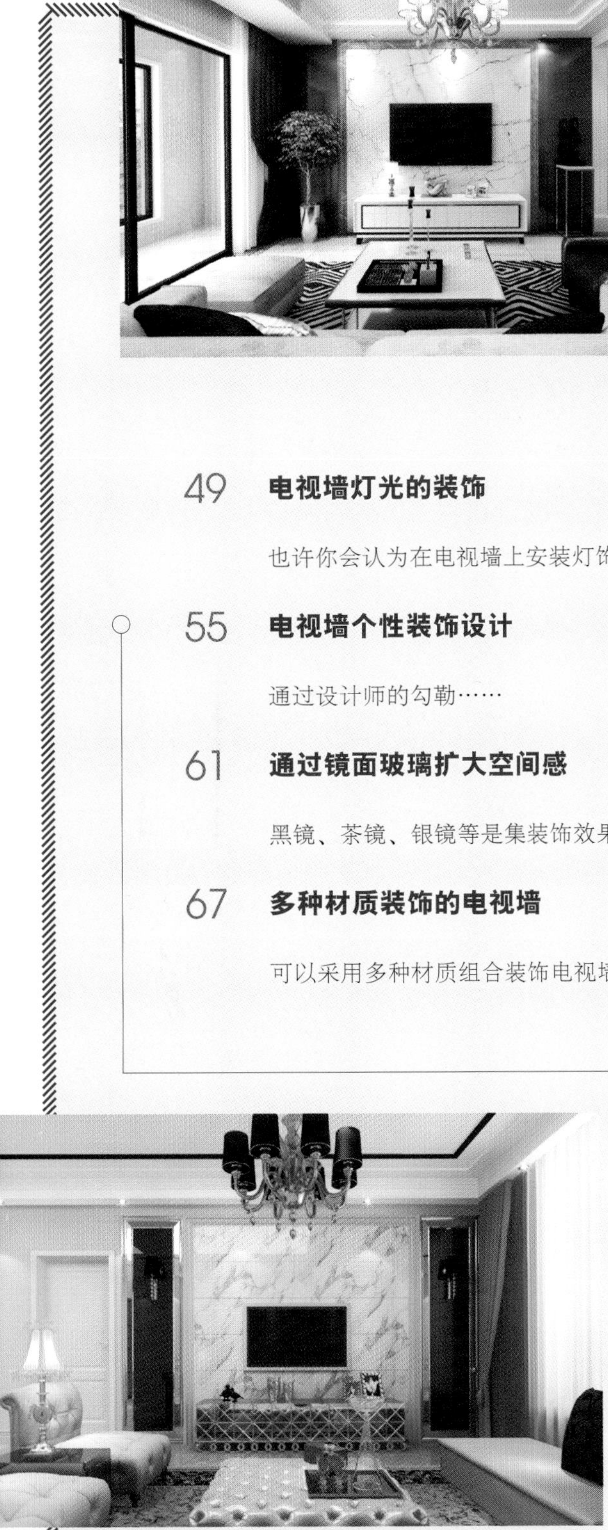

## 现代简约风格的电视墙

在大面积空间的客厅中，设计现代简约风格的电视墙时，可以适当对该墙体进行一些几何分割，从平整的墙面塑造出立体的空间层次，起到点缀、衬托的作用，也可以起到区分墙面不同功能的作用。如果客厅面积较小，电视墙面也很狭窄，在设计的时候就应该运用整体简洁、突出重点、增加空间进深的设计方法，例如，选择深远的色彩，选择统一甚至单一材质的方法，以起到在视觉上调整并完善空间效果的作用。

印花壁纸

茶色烤漆玻璃

石膏板拓缝

水曲柳饰面板

装饰银镜

有色乳胶漆

镜面锦砖

爵士白大理石

白枫木饰面板

米色大理石

米色网纹大理石

印花壁纸

雕花银镜

皮革软包

装饰灰镜

白枫木饰面板

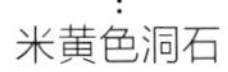

米黄色洞石

印花壁纸

印花壁纸

爵士白大理石

有色乳胶漆

中花白大理石

白枫木窗棂造型

有色乳胶漆

中花白大理石

胡桃木饰面板

白枫木饰面板

印花壁纸

银镜装饰线

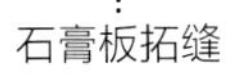

石膏板拓缝

中花白大理石

石膏板浮雕

中花白大理石

肌理壁纸

## 中式风格的电视墙

现代中式风格电视墙采用水泥拉毛、成品编织、木质雕刻、天然石材等新颖的装饰材料，能够打破以往的传统设计效果，制造出强烈的创新视觉效果。中式的木质镂空雕刻尽情展现了中国文化的美妙内涵。中式的木质镂空雕刻多采用酸枝木或大叶檀等高档硬木经过精雕细刻，将人们带往怀旧的思绪中。在电视墙上将中式的元素与现代装饰巧妙结合，可以让客厅时时散发出优雅与沉思，为家居增加些许的文化韵味。影响墙面效果的元素，无外乎颜色、材质和图案，要想让墙面摆脱平庸，就需要在这三个元素上做文章。

中花白大理石

木纹大理石

装饰壁布

米色网纹大理石

手绘墙饰

红樱桃木饰面板

印花壁纸

黑胡桃木饰面板

布艺装饰硬包

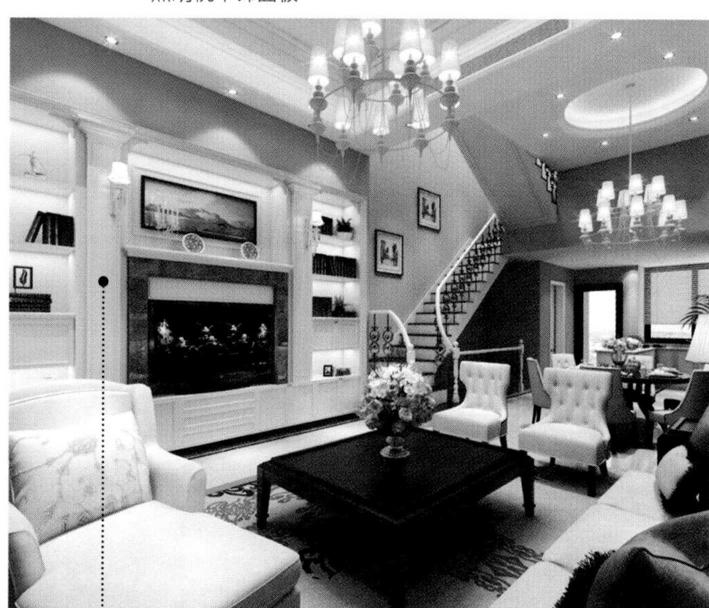
白枫木饰面板

装饰银镜

云纹大理石

石膏板拓缝　印花壁纸

印花壁纸

石膏板拓缝

云纹大理石

有色乳胶漆

白枫木饰面板

木质搁板

白枫木装饰线

木纹大理石

中花白大理石

车边银镜

木纹大理石　装饰银镜

中花白大理石　黑镜装饰线

车边茶镜

陶瓷锦砖

木质踢脚线

仿木纹壁纸

皮革软包

条纹壁纸

条纹壁纸

黑色烤漆玻璃

## 欧式风格的电视墙

一般工薪阶层的客厅装修多采用简约风格，在一般人的印象中，欧式风格代表着奢华。欧式风格的客厅装修很大气，欧式的电视墙也能很出彩。欧式风格的电视墙，让人享受着北欧的浪漫气息，贵族般的雍容华贵。欧式风格继承了巴洛克风格中豪华、动感、多变的视觉效果，也汲取了洛可可风格中唯美、律动的细节处理元素，受到上层人士的青睐。欧式风格的电视墙富丽大气、奢华时尚、高贵典雅，绚丽的色彩，华丽的造型，充满欧洲贵族的高贵气息，为欧式客厅装修增姿添色，让人们于精雕细琢中感受到典雅生活的脉搏与气质。

米色大理石

中花白大理石

皮革软包

印花壁纸

米色大理石

爵士白大理石

灰镜装饰线

装饰银镜

泰柚木饰面板

黑胡桃木饰面板

艺术墙砖

印花壁纸

白枫木装饰线

茶镜装饰线

印花壁纸

米色网纹大理石

条纹壁纸

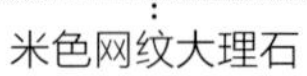

布艺软包

印花壁纸

彩色釉面墙砖

木质装饰线

木纹大理石

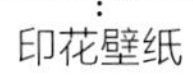

印花壁纸

中花白大理石

雕花烤漆玻璃

白枫木饰面板

印花壁纸

米色网纹大理石

印花壁纸

银镜装饰线

中花白大理石

印花壁纸

白色人造大理石

## 乡村田园风格的电视墙

生活让我们彼此独立又相互依存，在取舍之间游走，是一种人生的态度；生活是无拘无束、至真无邪、原汁原味的，是人心灵的旅程，而田园式的生活环境让人回到了纯朴时代，彼此关怀。在百忙之中，于田园风格装修的家居中过着田园般休闲自在的生活，乐在其中，其实原汁原味的生活才是真实的生活：简单、纯朴、关爱无所不在，人之善心浮现眼前，所以即使生活在现代大都市的生活圈里，人们也需要寻找一份心灵的宁静。

有色乳胶漆

印花壁纸

马赛克

印花壁纸

白色乳胶漆

白枫木饰面板

米黄色洞石

米黄色网纹大理石

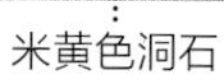

石膏板拓缝

陶瓷锦砖

布艺软包

密度板雕花隔断

条纹壁纸

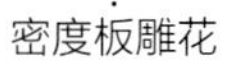

密度板雕花

白枫木饰面板

泰柚木饰面板

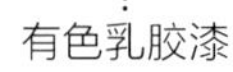

有色乳胶漆

车边灰镜

雕花茶镜

有色乳胶漆

木纹大理石

车边银镜

有色乳胶漆

爵士白大理石

中花白大理石

米黄色洞石

云纹大理石

红樱桃木饰面板

胡桃木窗棂造型

白色人造大理石
浅啡网纹大理石

有色乳胶漆

印花壁纸

米黄色大理石

云纹大理石

## 混搭风格的电视墙

电视墙玩混搭已经成为现在的流行时尚，对比强烈的撞色，多种材质的混搭，让电视墙夺人眼球。例如，简单的红蓝撞色，撞出与众不同的效果。不同材质相混合的电视墙，让整个墙面不再单调，配合玻璃上的不规则线条，使整个房间瞬间生动了起来。蓝白海军风被运用到电视墙上，也别有一番风味。米色印花的电视墙用白色墙板遮挡一部分，显得不那么花哨，有了一种低调时尚的感觉。

有色乳胶漆

条纹壁纸

雕花银镜

装饰灰镜

文化砖

条纹壁纸

铁锈红网纹大理石　　灰镜装饰线

陶瓷锦砖

印花壁纸

车边银镜

木纹大理石

胡桃木饰面板

仿古墙砖

印花壁纸

白色乳胶漆

艺术墙砖

釉面墙砖

雕花银镜

黑镜装饰线

印花壁纸

木质搁板

白枫木格栅

云纹大理石

云纹大理石

印花壁纸

白枫木装饰线

肌理壁纸

米色大理石

云纹大理石

布艺软包

有色乳胶漆

白枫木装饰线

有色乳胶漆

仿皮纹壁纸

## 如何设计实用型电视墙

将墙面做成装饰柜的式样是当下比较流行的装饰手法，它具有收纳功能，可以敞开，也可封闭，但整个装饰柜的体积不宜太大，否则会显得厚重而拥挤。有的年轻人为了突出个性，甚至在装饰柜门上即兴涂鸦，这也是一种独特的装饰手法。如果客厅面积不大或者家里杂物较多，收纳功能就不能忽略，即使想要打造一面体现主人风格的电视墙，也要考虑尽量带有一定的收纳功能，这样可以令客厅显得更加整齐。同时，在装修的时候应该注意收纳部分的美观，不要为了收纳而收纳，令墙面同时具有装饰性也很关键。

有色乳胶漆

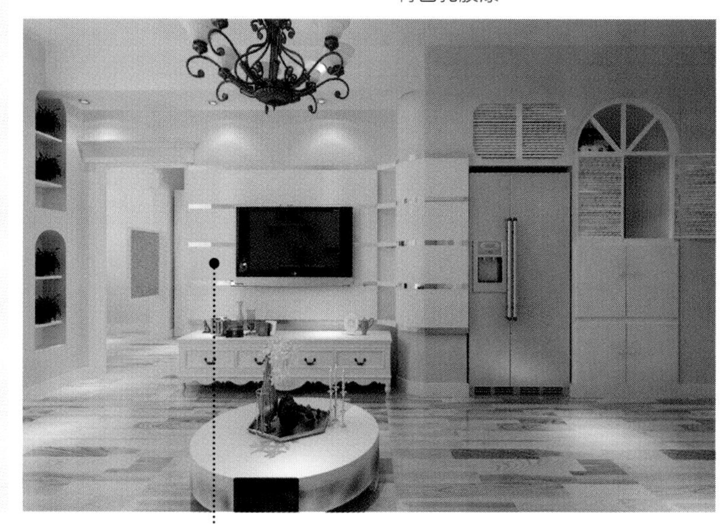

白枫木饰面板

白色乳胶漆

木质搁板

木质踢脚线

有色乳胶漆

肌理壁纸

爵士白大理石

茶镜装饰线

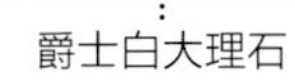

印花壁纸

有色乳胶漆

印花壁纸

陶瓷锦砖

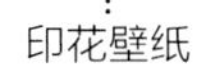

印花壁纸

白枫木窗棂造型贴银镜

白色乳胶漆

印花壁纸

银镜装饰线

肌理壁纸　白色乳胶漆

印花壁纸

白色乳胶漆

白枫木装饰线

装饰茶镜

肌理壁纸

木质搁板

白枫木装饰线

印花壁纸

白枫木装饰线
有色乳胶漆

印花壁纸

有色乳胶漆

木纹大理石

爵士白大理石

## 电视墙的造型设计

客厅的电视墙一般都是客厅的焦点，太过平整，会使空间的视觉层次单一，空间感不强。从功能上来说，平面易使声音传递成倍数级，产生回声共振，不利于音响的效果，只有立体或浮雕的墙面，才能同影院和音乐厅一样，使声波发生漫反射，产生完美的混响声场，使听者有临场感，尤其以电视和迷你音响发声的点声源，更是如此。可以选择水泥板进行装饰，其具有轻质坚固、保温隔声、防潮防火、易加工等良好的技术性能，且不受自然条件的影响，不会发生虫蛀、霉变及翘曲变形。用水泥板装饰的电视墙体现出极简风格和洗练质感，其特殊表面纹路可表现出高价值质感与独特品位，并且可以营造出强烈的建筑感。

爵士白大理石

艺术墙砖

白枫木装饰线

陶瓷锦砖

印花壁纸

白枫木装饰线

米色网纹大理石

木纹大理石

布艺装饰硬包

车边银镜

泰柚木饰面板

混纺地毯

中花白大理石　木质踢脚线

木质搁板

条纹壁纸

印花壁纸

白枫木装饰线

有色乳胶漆

白色乳胶漆

仿古墙砖

文化砖

水曲柳饰面板

爵士白大理石

白枫木饰面板

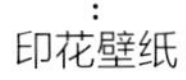

印花壁纸

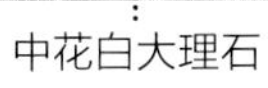

中花白大理石

装饰灰镜

砂岩浮雕

雕花银镜

## 电视墙的色彩设计

客厅电视墙采用不同的色彩所创造的空间性格形象是不同的，例如，黑、白、灰色系能表达静谧、严谨的气氛，也可以表达出简洁、明快、现代和高科技的风格；浅黄色、浅棕色等亮度高的色系，可以表达清新自然的气息；艳丽丰富的色彩则可以表达热烈、激情的氛围。因此，客厅电视墙的色彩设计一定要尊重业主的视觉感受。

此外，电视墙的色彩选择还应考虑室内光线、层高、材质和风格的影响。色彩搭配只有与材质固有色对应、和谐，才能装饰出理想的效果。

印花壁纸

印花壁纸

水晶装饰珠帘

木纹大理石

白枫木装饰线

中花白大理石

白枫木饰面板　　银镜装饰线

印花壁纸　　陶瓷锦砖

米色网纹大理石

桦木饰面板

肌理壁纸

车边银镜

白色乳胶漆

印花壁纸

水曲柳饰面板

中花白大理石

肌理壁纸

中花白大理石

皮革软包

米黄色洞石

车边茶镜

有色乳胶漆

黑镜装饰线

泰柚木饰面板

米白色大理石

米黄色玻化砖

印花壁纸

白枫木装饰线

水曲柳饰面板

米黄色大理石

实木顶角线

印花壁纸

白色乳胶漆

白枫木装饰线

胡桃木窗棂造型

雕花银镜

木纹大理石

装饰银镜

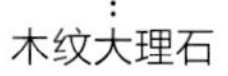

米色人造大理石

爵士白大理石

## 电视墙灯光的装饰

也许你会认为在电视墙上安装灯饰会有超炫的感觉，其实这种想法是错误的。虽然漂亮的电视墙在灯光照耀下会更加吸引眼球，有利于彰显主人的个性，但如果在此环境下长时间观看电视，会造成视觉疲劳，久而久之对健康不利，因为电视机本身拥有的背光已经起到衬托作用，再加上播放节目时也会有光亮产生。可以在电视墙上安装吊顶，并在吊顶上安装照明灯。但吊顶本身除了要与背景墙相呼应外，也应该注意照明灯的色彩和强度，不要使用瓦数过大或色彩太夺目的灯泡，这样在观影时才不会有双眼刺痛或眩晕的感觉。

印花壁纸

白枫木饰面板

仿古墙砖

白枫木窗棂造型贴银镜

黑胡桃木装饰线

中花白大理石

黑色烤漆玻璃

陶瓷锦砖

印花壁纸

有色乳胶漆

米色亚光墙砖

有色乳胶漆

泰柚木饰面板

胡桃木饰面板

密度板树干造型隔断

米色大理石

皮革软包

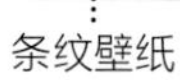
条纹壁纸

皮革软包

米色大理石

仿古墙砖

木质踢脚线

有色乳胶漆

米黄色洞石

红樱桃木饰面板

木质踢脚线

米色洞石

艺术墙砖

印花壁纸

泰柚木饰面板

实木雕花贴银镜

直纹斑马木饰面板

水曲柳饰面板

艺术墙砖

浅啡网纹大理石

## 电视墙个性装饰设计

通过设计师的勾勒，手绘图案赋予了电视墙与众不同的个性，而这种在墙面上的手绘图案，也相对容易更改替换，能让居室保持一定的新鲜感，营造出梦幻迷离的艺术效果。晶莹剔透的烤漆玻璃、艺术玻璃等没有金属材质的冰冷感，又无传统装饰的厚重感，既美观大方，又防潮、防霉、耐热，还可擦洗，易于清洁和打理，成为年轻一族追求的潮流新宠。采用华丽的不同质感或图案色彩的瓷砖，具有硬度高、耐用、易打理、比石材便宜的特点，是一般家庭可以选用的电视墙装饰材料，它会为客厅空间带来各种各样的装饰效果。墙面瓷砖多以釉面烧制而成，所以有着很强的可塑性，可以表现出多种材质的效果，并且十分逼真。

陶瓷锦砖

白枫木饰面板

镜面锦砖

有色乳胶漆

装饰银镜

米黄色大理石

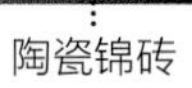
陶瓷锦砖

条纹壁纸

中花白大理石

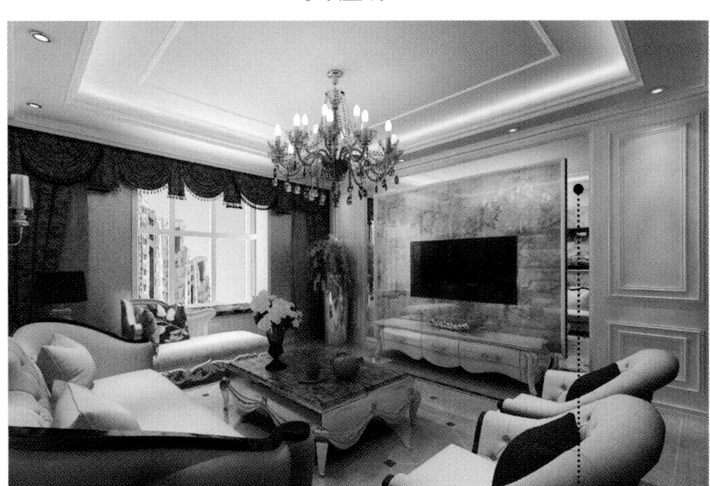

装饰银镜

木质搁板

文化石

木纹大理石

直纹斑马木饰面板

皮革软包

装饰灰镜

白枫木装饰线

爵士白大理石

米色网纹大理石

石膏板拓缝

中花白大理石

白色乳胶漆

白枫木装饰线

雕花银镜

米黄色网纹亚光玻化砖　白色板岩砖

羊毛地毯　印花壁纸

肌理壁纸

云纹大理石

黑胡桃木饰面板　装饰银镜

白枫木装饰线

印花壁纸

车边茶镜

米色大理石

## 通过镜面玻璃扩大空间感

黑镜、茶镜、银镜等是集装饰效果、实用性与扩大空间效果于一体的电视墙装饰材料，可以延伸视觉。其反光作用不仅可以增加房间的亮度(尤其在室内光线不充足的情况下更是如此)，而且可以使客厅的各种布置和摆设显得更加富有灵气、充满动感，体现出新颖别致的装修风格。装镜面玻璃以一面墙为宜，不要两面都装，以免造成反射。镜面玻璃的安装应按照工序，在背面及侧面做好封闭，以免酸性的玻璃胶腐蚀镜面玻璃背面的水银，造成镜子斑驳。

条纹壁纸

车边茶镜

车边银镜

黑色烤漆玻璃

皮革软包

雕花银镜

有色乳胶漆　白色人造大理石

米黄色网纹大理石　胡桃木饰面板

印花壁纸

胡桃木饰面板

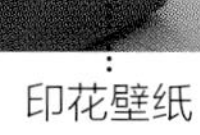

印花壁纸

装饰灰镜

白色乳胶漆

印花壁纸

装饰灰镜

白枫木饰面板

米色大理石

泰柚木饰面板

皮纹砖

直纹斑马木饰面板

白色釉面墙砖

有色乳胶漆

印花壁纸

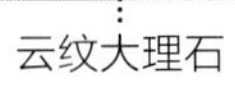

云纹大理石

石膏板拓缝

仿古墙砖

密度板雕花贴银镜

白枫木窗棂造型贴银镜

密度板雕花贴黑镜

米色网纹大理石
白枫木装饰线

白枫木装饰线
陶瓷锦砖

## 多种材质装饰的电视墙

可以采用多种材质组合装饰电视墙，强调多元效果。为了让电视墙的装饰效果更加富于变化，可以采用多种材质进行拼接。通过巧妙的设计，任何材料都可以拼贴组合成整体和谐的电视墙。各种材质的性质不同，组合拼接的方式也不一样，根据空间的使用功能和所处位置，就能创造出功能合理、舒适美观的电视墙面。

米黄色大理石

皮革软包

中花白大理石

爵士白大理石

车边银镜

白色洞石

印花壁纸

爵士白大理石

车边茶镜

肌理壁纸

泰柚木饰面板

白枫木装饰线

印花壁纸

印花壁纸

米黄色大理石

白枫木装饰线

印花壁纸

陶瓷锦砖

印花壁纸

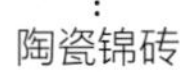

米色大理石

砂岩浮雕

米黄色网纹大理石

茶色镜面玻璃

木质装饰线描银　米黄色大理石

白色人造大理石

白枫木饰面板

中花白大理石

密度板雕花贴银镜

印花壁纸

不锈钢条

印花壁纸

布艺软包

泰柚木饰面板

## 电视墙壁纸的选择

如果房间显得空旷或者格局较为单一，可以选择鲜艳的、暖色的大花图案壁纸满墙铺贴。暖色可以起到拉近空间距离的作用；而满墙铺贴大花朵图案，可以营造出花团锦簇的效果。

对于面积较小的客厅，使用冷色壁纸会使空间看起来更大一些。此外，使用一些亮色或者浅淡的暖色加上一些小碎花图案的壁纸，也会达到这种效果。中间色系的壁纸加上点缀性的暖色小碎花，通过图案的色彩对比，也会巧妙地转移人们的视线，在不知不觉中扩大了原本狭小的空间。

陶瓷锦砖

印花壁纸

黑镜装饰线

印花壁纸

大理石装饰线

印花壁纸

印花壁纸

仿古墙砖

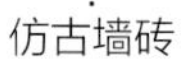

雕花银镜

米黄色网纹大理石

车边银镜

密度板雕花隔断

爵士白大理石

白色乳胶漆

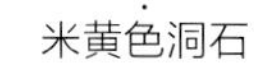

米黄色洞石

陶瓷锦砖

车边银镜

泰柚木饰面板

布艺装饰硬包

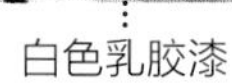
白色乳胶漆

中花白大理石

爵士白大理石装饰线

铁锈黄网纹大理石

不锈钢条

木纹大理石

云纹大理石

米色大理石

印花壁纸

陶瓷锦砖

彩色釉面墙砖　白枫木装饰线

仿古砖　木质搁板

白枫木饰面板

皮革装饰硬包

## 现代风格的电视墙壁纸挑选

现代风格的壁纸有些带有个性化的几何图纹、立体线条，这种壁纸单独看时有些显得杂乱无章，但大面积粘贴后，装饰效果却很好。也有些带有淡雅魅力的暗花图案，业主可以根据客厅的主色调选择相配套的壁纸底色和图案，来满足现代风格电视墙的时尚艺术新意。

雕花灰镜

金属砖

白枫木装饰线

石膏板

印花壁纸

白枫木装饰线

印花壁纸

米色大理石

车边银镜

中花白大理石

有色乳胶漆

白枫木装饰线

有色乳胶漆

雕花银镜　中花白大理石

印花壁纸

胡桃木饰面板

印花壁纸

白枫木装饰线

印花壁纸

布艺装饰硬包

陶瓷锦砖

白色乳胶漆

爵士白大理石

红樱桃木饰面板

爵士白大理石

白枫木装饰线

条纹壁纸

中花白大理石

艺术地毯

米白色洞石　　泰柚木饰面板

白枫木装饰线

镜面马赛克

印花壁纸

黑色烤漆玻璃

## 锦砖电视墙的时尚装饰

锦砖是一种精巧、多变的装饰墙面的材料，它凭借绚丽的色彩、多样的材质、华美且极具视觉冲击力的造型图案，成为时尚电视墙装修材料的新宠。锦砖按质地可分为陶瓷锦砖、大理石锦砖、玻璃锦砖、金属锦砖等几大类。其中，玻璃锦砖又分为熔融玻璃锦砖、烧结玻璃锦砖和金星玻璃锦砖。目前应用较广泛的有玻璃锦砖和金属锦砖，由于价格原因，其中最为流行的当属玻璃锦砖。

陶瓷锦砖

白色乳胶漆

白枫木装饰线

水曲柳饰面板

镜面锦砖

印花壁纸

中花白大理石

茶镜装饰线

白色釉面墙砖

印花壁纸

米色大理石

木质窗棂造型贴银镜

泰柚木饰面板　　艺术墙砖

印花壁纸

雕花烤漆玻璃

石膏板浮雕

白枫木装饰线

皮革软包

中花白大理石

白色乳胶漆

木质搁板

印花壁纸

黑色烤漆玻璃

泰柚木饰面板

布艺软包

肌理壁纸

手绘墙饰

有色乳胶漆

TIPS

## 金属质感的时尚电视墙装饰

不锈钢条、钛合金条等金属质感的材质冷冽、坚硬，不喜欢它的人觉得它太过冰冷、不够温馨；喜欢它的人会觉得它个性十足。许多年轻的业主总是希望自己的房子具有很强的现代感，用不锈钢条、钛合金条等作为电视墙面装饰的元素，能凸显客厅的未来主义气息，而它们独有的直线条，在视觉上会让空间显得更利落。

中花白大理石

水曲柳饰面板

马赛克

不锈钢条

布艺软包

肌理壁纸

镜面锦砖

条纹壁纸

红砖

米黄色洞石

雕花茶镜

米黄色网纹大理石

印花壁纸

米色人造大理石

胡桃木饰面板

有色乳胶漆

浅啡网纹大理石

米色大理石